Georges Blanchon

La Poudre B
et la marine

Étude

 Le code de la propriété intellectuelle du 1er juillet 1992 interdit en effet expressément la photocopie à usage collectif sans autorisation des ayants droit. Or, cette pratique s'est généralisée dans les établissements d'enseignement supérieur, provoquant une baisse brutale des achats de livres et de revues, au point que la possibilité même pour les auteurs de créer des œuvres nouvelles et de les faire éditer correctement est aujourd'hui menacée. En application de la loi du 11 mars 1957, il est interdit de reproduire intégralement ou partiellement le présent ouvrage, sur quelque support que ce soit, sans autorisation de l'Éditeur ou du Centre Français d'Exploitation du Droit de Copie , 20, rue Grands Augustins, 75006 Paris.

ISBN : 978-1986480796

10 9 8 7 6 5 4 3 2 1

Georges Blanchon

La Poudre B
et la marine

Étude

Table de Matières

Section I	7
Section II	11
Section III	16
Section IV	19
Section V	24
Section VI	27

Section I

Le 5 mars 1899, à 2 h. 20 du matin, les habitants des communes voisines de la poudrière navale de Lagoubran, près de Toulon, étaient éveillés en sursaut par un roulement semblable à un formidable coup de tonnerre et accompagné d'un tremblement très prononcé du sol. Sur la poudrière avait paru une grande lueur subite. Le gaz s'éteignit dans les azrues partout à la fois, jusque dans Toulon. Un immense nuage de fumée noire et fétide plongea dans une obscurité profonde tout le quartier de Lagoubran d'où s'échappaient des cris et des gémissements étouffés. La poudrière venait de sauter, avec 180 000 kilos d'explosifs.

La caserne des artificiers située à quelque distance envoya les premiers secours ; on alluma de grands feux sous la voûte pour éclairer les travailleurs. Les dégâts étaient énormes. De la poudrière il ne restait rien. A la place précédemment occupée par la partie Est du bâtiment s'ouvrait un vaste entonnoir de 50 mètres de diamètre qui descendait à 5 mètres au-dessous du niveau de la mer. L'explosion faisait 70 victimes. Les deux sentinelles placées hors du mur d'enceinte à une centaine de mètres de la poudrière avaient été tuées sur le coup. Les maisons d'habitation, à 200 ou 300 mètres, ne formaient qu'un monceau de décombres sous lesquels gisaient les habitants. Les toits des hangars et leur façade, à 600 et 800 mètres, étaient renversés. Il y avait des vitres brisées, des cloisons abattues, des toitures endommagées, dans un rayon de 3 kilomètres. Enfin le bruit et la commotion portèrent, dit-on, jusqu'à Nice. Sur la colline voisine et jusqu'à 2 kilomètres du lieu de l'explosion le sol était jonché de lamelles de poudre B qui n'avaient subi aucun commencement de combustion.

L'enquête menée par le service des Poudres et Salpêtres conclut à la possibilité d'une combustion spontanée des poudres B, sans attribuer à cette hypothèse une haute probabilité. L'explosion était certainement due à la mise en feu subséquente des approvisionnements de poudre noire, qui éclatent beaucoup plus brusquement. Mais l'hypothèse d'un attentat ne fut pas écartée. Elle fut même considérée comme seule plausible par l'enquête de l'artillerie de marine. On était d'ailleurs au lendemain de Fachoda :

beaucoup d'esprits, pour cette cause, admettaient plus facilement une intervention criminelle. Le doute subsiste encore ; et depuis lors les si nombreuses attaques de sentinelles aux portes de poudrières n'ont pu que contribuer à y maintenir une partie de l'opinion.

Il n'y eut donc pas, au cours des années suivantes et malgré le douloureux retentissement de celle catastrophe, d'inquiétudes formelles dans le pays au sujet de la poudre B.

Le 12 mars 1907, le cuirassé d'escadre *Iéna* était à sec dans le bassin de radoub, à Toulon. On y faisait des travaux. Les ouvriers de l'arsenal quittaient le bord à midi, pour le déjeuner, Ce jour-là donc, un peu après une heure, avant qu'ils ne fussent revenus mais alors que l'équipage du cuirassé avait repris le travail, chaque homme étant à son poste habituel, une grande flamme jaillit sur le pont, vers l'arrière, en forme de gerbe rouge, jaune et blanche, parsemée de petites flammèches bleues. Le fou sortait aussi par les hublots du navire, par les orifices des monte-charges et des manches à air. Au bout de quelques secondes se produisirent deux détonations rapprochées : l'une sourde, l'autre retentissante ; puis, d'intervalle à intervalle, d'abord de dix en dix minutes, puis de minute en minute, d'effroyables explosions projetant violemment des débris dans le bassin et tout alentour.

Dans les ateliers voisins, criblés de morceaux de tôle, de balles, de fragments de projectiles, se déclaraient des commencements d'incendie. Des éclats pesant jusqu'à 4 et 5 kilos venaient tomber sur l'arsenal et la ville de Toulon. L'incendie, qui courait le long du bateau, s'y propageait rapidement, s'opposant au sauvetage et atteignant successivement les diverses soutes à projectiles. Le plus pressé eût été de faire fonctionner les pompes à incendie, mais, nous l'avons dit, le bateau était à sec. L'enseigne de vaisseau Houx s'efforça dès le premier moment d'ouvrir les portes du bassin pour faire entrer l'eau. Malheureusement, les vannes ne fonctionnaient pas. S'obstinant dans sa tentative, sur ce terre-plein fauché par la mitraille, le jeune officier périt en héros sans pouvoir réussir. Et il fallut que la *Patrie* démolît les portes à coups de canon.

Il ne restait plus de l'*Iéna* qu'une coque percée à jour, éventrée sur les deux flancs, des ponts tordus, des cheminées déchiquetées, des machines détruites. L'équipage comptait, avec 33 blessés, 117 morts, dont 8 officiers, et parmi eux le capitaine de vaisseau Adigard, commandant du cuirassé.

Il n'y eut qu'une voix parmi les officiers de vaisseau pour accuser la poudre B. Mais l'enquête technique ne put conclure, faute d'accorder les convictions opposées de ses membres marins et de ses membres artilleurs. Quant à la direction centrale de l'Artillerie de marine, venant appuyer de tout son pouvoir celle des Poudres et Salpêtres, elle prit hâtivement parti contre l'hypothèse des marins. Des deux grandes commissions parlementaires, l'une, celle du Sénat, accepta au contraire cette hypothèse comme la seule justifiée, tandis que la commission émanant de la Chambre des députés restait dans le doute. Néanmoins l'une et l'autre demandaient des réformes profondes dans le service des poudres et des progrès de la technique. L'opinion publique réclamait avec elles.

Les documents portés à sa connaissance par ces différentes enquêtes révélaient le peu de sécurité de la poudre B, contrairement aux affirmations officielles. On y voyait relevés des accidents imputables aune combustion spontanée : à la poudrerie du Pont-de-Buis en août 1803, à Alger en septembre 1894, sur le cuirassé *Amiral-Duperré* en mai 1896, à la poudrerie de Saint-Médard eu juin, à celle du Bouchet en juillet de la même année et à Tunis en août, à Saigon en 1897, au Bouchet en novembre 1898, à Nice et à Villefranche en août et octobre 1899, à Angoulême en juillet 1900, sur le *Vauban* en septembre, sur le *Descartes* en octobre, à Marseille en juin 1901, à la poudrerie du Ripault en septembre, à Versailles en juin 1903 et à Constantine en août, sur le *Forbin* en avril 1904 et sur le *Charlemagne* en décembre, à Orangea près de Diégo-Suarez en février et en novembre de la même année et à Antsirane également en février, à Tunis en juin 1905.

Enfin les tirs et les exercices d'escadre avaient été fertiles en incidents. Ils avaient révélé des irrégularités extrêmes dans la portée des projectiles et dans la force des charges théoriquement semblables. On voyait paraître des inflammations prématurées de gargousses, des déculassements avec mort d'hommes. Le pays attendait qu'on fît quelque chose.

Il crut bientôt avoir reçu satisfaction, on se détourna peu à peu vers d'autres objets. Une haute commission technique, présidée par un membre de l'Institut, avait été nommée. Des mesures réglementaires nouvelles avaient été décidées dans la marine. Des ministères avaient été renversés. Les services poudriers se portaient garants de leur produit dans les conditions de conservation fixées par eux. La quiétude s'était répandue jusque dans les états-majors navals.

On sait comment, le 25 septembre dernier, la catastrophe de la *Liberté* devait donner tort à cet optimisme. C'était en rade de Toulon, peu après le branle-bas du matin ; à 5 h. 30 on aperçoit des flammes montant des fonds, s'échappant par les sabords de l'avant. La fumée asphyxiante qui envahit, les batteries empêche de faire fonctionner les vannes de noyage des soutes. Quatre petites explosions se font entendre et, malgré les efforts de l'équipage, vingt minutes plus tard, une dernière et formidable explosion projetait sur la rade une pluie de fer mêlée de membres humains. La moitié des poudres du cuirassé, soit environ 100 tonnes, avait seule sauté. L'avant du bateau était replié sur lui-même, recouvrant l'arrière. La *Liberté* ne formait plus qu'un chaos de ferraille tordue et déchiquetée. Les bâtiments voisins avaient été sérieusement atteints. Des pièces énormes d'acier avaient volé dans toutes les directions : une coupole de tourelle tout entière était allée retomber à plusieurs centaines de mètres. Et la catastrophe faisait 226 victimes, sans compter les blessés.

Alors, comme après l'*Iéna*, des voix s'élevèrent, — moins nombreuses, il est vrai, — pour prendre la défense de la poudre B. Dans le premier moment, on envisagea la possibilité d'un attentat. Un ancien ministre de la Marine incrimina l'imprudence du personnel ou son indiscipline. Mais au Conseil général du Finistère, appelé à voter des secours pour les familles des victimes, un des conseillers généraux, en même temps directeur d'une des poudreries de l'Etat, M. Maissin, accusa le service poudrier de fabriquer sciemment et de donner à la marine des produits déplorables. Et cependant, après cet aveu, après la déclaration immédiate de l'amiral Bellue, commandant en chef l'escadre, et le rapport péremptoire de la commission d'enquête réfutant toutes les hypothèses autres qu'une inflammation spontanée de la poudre B, on discute encore ; aux yeux du pays, l'obscurité semble redescendre avec la contradiction sur un problème si brusquement éclairé par la grande lueur tragique de la catastrophe.

On comprend qu'il y ait pour la marine, pour les hommes destinés à vivre sur une poudrière flottante et à combattre pour le salut de leur pays avec les munitions qu'elle porte, une question primant toutes les autres, une question de la poudre B.

Section II

Qu'est-ce que la poudre B ?

Autrefois on chargeait les armes à feu avec de la poudre noire, mélange de charbon, de soufre et de salpêtre. C'est pourquoi le service poudrier constitué en l'an V prit le nom de service des Poudres et Salpêtres. La poudre noire est *brisante*, c'est-à-dire qu'elle explose brusquement, en développant d'un coup toute sa pression. On l'emploie encore à l'intérieur des obus, qu'il y a justement intérêt à faire voler en éclats. Dans une cartouche de fusil ou dans une gargousse de canon sa soudaineté est un inconvénient. Les pressions ne peuvent pas monter au-delà d'une certaine limite sous peine de détruire la bouche à feu. Le poids de la charge de poudre noire est donc étroitement limité, et la vitesse du projectile aussi.

Lorsqu'on voulut imprimer à la balle du nouveau fusil français, qui allait être le fusil Lebel, une vitesse supérieure afin d'en pouvoir réduire le calibre, on chercha une poudre *progressive*, c'est-à-dire développant d'une façon moins instantanée les gaz qu'elle peut engendrer et les pressions qui en résultent. On s'adressa au coton-poudre, déjà connu depuis un demi-siècle, expérimenté non sans accidents en Autriche, mais qu'on n'avait pas jusque-là réussi à rendre sans danger. On cherchait à l'étranger comme en France. En 1884, M. Vieille trouva le moyen de donner au coton-poudre, matière pulvérulente, la cohésion nécessaire : la poudre B était créée. On s'aperçut alors qu'elle ne faisait presque aucune fumée, avantage considérable qu'on n'avait pas cherché, mais qui assurait la rapidité du tir et permettait de dissimuler les troupes. M. Vieille venait de nous procurer une supériorité indiscutable sur nos rivaux. La poudre B, disait dès le début le général de la Rocque parlant seulement de l'artillerie de marine, décuple la valeur du canon ; elle la centuple, corrigeait-il quelques années plus tard.

Le coton-poudre s'obtient en traitant le coton par un mélange d'acide nitrique et d'acide sulfurique : c'est un coton où un certain nombre d'atomes d'hydrogène sont remplacés par autant de groupes nitrés. Quels que soient les soins apportés à sa fabrication, son caractère est d'être un produit instable. A haute température, cette instabilité en fait, par la violence de la décomposition, un explosif ; mais à froid elle existe encore. Le coton-poudre dégage, en faibles quantités, mais d'autant plus activement qu'il fait plus chaud, des gaz divers, résultats derniers d'une sorte de combustion interne. Et tous les cotons-poudres connus en sont là. C'est en quelque sorte pour eux une véritable fonction normale, sans danger si elle est modérée par des dispositions convenables. Au cas contraire, elle est de nature à amener des élévations de température et même des inflammations spontanées. Les divers gaz qui se dégagent à l'état naissant forment en effet des produits nitreux dont le contact avec le coton-poudre en accélère la décomposition suivant une progression très rapide. Ces produits nitreux sont acides, si l'on imprègne la substance d'un élément basique, ils seront neutralisés, accaparés par ce dernier dès leur formation, et n'agiront plus sur le coton-poudre. On introduit à cet effet du carbonate de chaux dans les eaux de lavage. Tant qu'il existe une réserve de neutralisation, le coton-poudre, tout en se modifiant sans cesse comme font toutes les matières, d'origine vivante, n'est pas exposé à une décomposition tumultueuse.

Le coton-poudre n'est pas la poudre B. Il en est seulement la matière première. Il existe en France deux usines fabriquant le coton-poudre : l'une au Moulin-Blanc, près de Brest, l'autre à Angoulême. Les poudreries proprement dites en sont distinctes ; elles sont au nombre de cinq, toutes aux mains de l'Etat, en vertu du monopole, comme d'ailleurs les fabriques de coton-poudre. L'une se trouve à Sevran-Livry, près Paris, les autres au Ripault, près Tours, à Saint-Médard-en-Jalles, près Bordeaux, au Pont-de-Buis (Finistère), enfin au Bouchet (Seine-et-Oise), celle-ci dirigée par l'Artillerie. Le coton-poudre humide est une pâte solidifiée. Sec, il a l'aspect d'une poudre blanche, sorte de farine. Dans les deux cas il constituerait un explosif extrêmement brisant, celui même qui est employé dans l'intérieur de nos torpilles. L'invention de M. Vieille a consisté à l'enrober dans un agglutinant, qui est le collodion. Ce collodion se forme dans la masse même du coton-poudre par l'action d'un dissolvant, mélange d'alcool et d'éther. Le coton-poudre, en effet, n'est pas un corps chimiquement homogène : c'est probablement une juxtaposition intime de colons diversement nitrés, de trinitro-celluloses et de binitro-celluloses. Ces dernières se dissolvent dans le mélange alcool-éther pour donner le collodion, matière gélatineuse qui emprisonne la trinitro-cellulose. Le tout forme une pâte qu'on dessèche, qu'on lave et qu'on comprime au travers de filières la débitant en rubans. De la farine primitive on a fait une nouille ou un macaroni. La fabrication de la poudre B est calquée, dans ses procédés mécaniques, sur l'industrie des pâtes alimentaires.

En France, on aboutit seulement à des lamelles, plus ou moins minces suivant le calibre de l'arme où elles doivent être employées. Les plus épaisses, destinées au canon de 305 millimètres, ont jusqu'à un demi-centimètre d'épaisseur. Ces lames, qui ressemblent à de la colle à bouche, sont réunies en fagots réguliers qui constituent les éléments des charges ou gargousses. Les poudres ainsi formées évoluent, tout comme le coton-poudre qui les compose. A l'intérieur de ces lames compactes, les gaz produits par sa combustion lente se meuvent difficilement et risquent d'accumuler sur un point les actions dangereuses. Mais le dissolvant qui a servi à gélatiniser le colon-poudre se trouve utile ici pour produire une neutralisation supplémentaire. Car il est impossible de purger, en cours de fabrication, la poudre de tout ce qui s'y était incorporé de ce dissolvant en excès. Au début, on y vit un inconvénient auquel il fallait se résigner ; on ne tarda pas à s'apercevoir que c'était au contraire un avantage parce que ce résidu, en terme technique le « dissolvant résiduel. » arrête au passage et réduit sur place les produits nitreux de la décomposition. Tant qu'il subsiste de l'éther dans la poudre, elle est ainsi préservée d'un échauffement qu'on pourrait appeler normal.

Mais il en est d'anormaux, résultant du manque d'homogénéité de la masse. Les matières traitées ensemble dans une poudrerie pour faire partie d'un même lot de poudre B, qui portera un baptême unique et constituera officiellement une unité réglementaire comprenant souvent jusqu'à 40 tonnes d'explosif, passent par fractions séparées dans plusieurs appareils différons, à des moments successifs, de sorte que l'opération peut durer trois mois. On y incorpore d'ailleurs des poudres antérieures, parfois de plusieurs années. L'unité du lot est ainsi une fiction. Elle répond à cette seule condition que toutes les gargousses correspondantes donnent les mêmes résultats balistiques. Il est donc évident que le lot n'a pas été, dans toutes ses parties, soumis à des actions identiques. Le coton-poudre qui en est la base manquait lui-même d'homogénéité. Il en résulte des différences entre les charges extraites du même lot, entre les brins d'une même charge, entre les points voisins d'un même brin. Chacun évolue à sa façon ; certaines parties prennent de l'avance sur les autres, et, à égalité d'âge, sont réellement plus vieilles, plus près de leur mort, de la décomposition finale. En particulier, les impuretés du coton qui a servi de point de départ à toute la fabrication paraissent se traduire par des réactions locales donnant, au bout d'un certain temps, sur les brins de poudre, des taches de couleurs variables. Ces taches sont le siège de productions nitreuses qui les transforment en abcès verdâtres. Ces abcès s'étendent, provoquent des élévations de température considérables qui arrivent à dépasser les 180 degrés nécessaires pour l'inflammation de la poudre.

Toutes ces actions, nous l'avons dit, sont favorisées et puissamment accélérées par la chaleur. On a donné comme un résultat d'expérience, qu'une élévation de température, de seulement 10 degrés, rendait trois fois plus rapide la décomposition du coton-poudre ; et en vertu d'une loi générale de chimie, applicable aux explosifs, la loi de Van-t-Hoff, lorsque la température extérieure croît en progression arithmétique, la durée de décomposition totale devrait décroître en progression géométrique.

Mais l'influence de la température est encore moins néfaste que celle de l'humidité. Une goutte d'eau condensée sur la paroi des soutes et qui tombe sur une gargousse, ou simplement la vapeur toujours répandue dans les fonds des bateaux, suffiraient à provoquer un échauffe ment spontané, extrêmement prompt, des poudres B. On a relevé à cet égard une entière analogie entre sa décomposition et réchauffement des foins. Pour se mettre à couvert de cette influence désastreuse de l'humidité, on a dû enfermer toutes les poudres marines dans des récipients étanches à parois métalliques. On ne peut cependant pas se flatter de les avoir placées ainsi dans la même condition que celles de l'armée de terre, qui sont conservées dans une atmosphère sèche, sous l'abri de magasins bien aérés. Les soutes étroites, tassées au fond des bateaux contre la paroi des chaufferies et au milieu d'un lacis de tuyaux brûlants, participent forcément de la chaleur régnant autour d'elles.

À bord enfin, les poudres sont soumises à des mouvements incessants qui ne peuvent que hâter leurs réactions internes. On sait quelles trépidations secouent en permanence les bateaux modernes, trépidations si fortes qu'à certaines allures, il est parfois difficile d'y lire. Pour toutes ces raisons, la poudre B, plus stable aux mains de l'armée de terre, devient instable au service de la marine. Il faut noter d'ailleurs qu'elle n'est pas tout à fait la même ici et là. Les gros canons de marine emploient les poudres épaisses dont la guerre n'a pas besoin. Or, l'épaisseur des lames colloïdales s'oppose à l'évaporation des réactifs en excès. Au centre, la proportion des dissolvants resterait ainsi beaucoup trop grande ; il faut dès lors, pour en enlever la majeure partie, ajouter à la dessiccation des trempages à l'eau chaude qui altèrent le produit.

Finalement, il arrive ce dont nous avons aujourd'hui trop d'exemples : dans une caisse fermée ou à l'intérieur d'une cartouche métallique un brin avarié qui se décompose répand des vapeurs nitreuses qui pénètrent toute la charge. Elle s'échauffe jusqu'à s'enflammer. La poudre B brûle lentement : ce n'est pas une explosion ; mais la pression des gaz fait ouvrir l'enveloppe. On entend parfois de l'extérieur la cartouche qui fuse ; de longs jets de flammes, comme projetés par des chalumeaux, en sortent et viennent lécher les cartouches voisines dont elles portent rapidement la paroi au rouge. Dans les gargousses, dans les caisses, dans les soutes, l'air est mélangé d'éther, lentement sorti de la poudre, à mesure que son dissolvant résiduel s'évapore. Il s'y trouve donc un mélange détonant qui s'enflamme et communique le feu à tous les objets combustibles. Les cartouches partent les unes après les autres ; la soute se remplit de flammes, ses parois de fer deviennent incandescentes ; et quand la température est assez élevée, une décomposition totale violente les défonce, portant l'incendie dans les soutes voisines et partout sur le bateau. Cet intervalle laissé à l'équipage pour tenter d'étouffer le fléau, ce répit bien court et bien chanceux, on a pu le mesurer ; il est de 20 minutes environ ; c'est le temps qui sépare, sur l'*Iéna* comme sur la *Liberté*, les premières détonations intérieures de l'explosion finale.

Section III

Savoir, c'est pouvoir : la connaissance des phénomènes n'a d'autre intérêt que de servir à se mettre à l'abri des dangers, à venir. La sécurité, si nous l'obtenons, désormais, nous aura coûté assez cher, au prix de Lagoubran, de l'*Iéna* et de la *Liberté* : il serait inexcusable de ne pas tirer de ces cruelles leçons tout le profit qu'elles comportent. On n'avait pas attendu les premiers accidents pour prendre des précautions. Néanmoins, il fallut ceux qui, de 1893 à 1896, marquèrent la vieillesse des premiers lots de poudre B fabriquée vers 1886 ou depuis lors, pour montrer la nécessité de pousser plus loin la prudence. On chercha donc un moyen de prolonger la vie de la poudre. Puisque le dissolvant résiduel forme, tant qu'il subsiste, la garantie de la stabilité chimique, on songea à [faire appel à un dissolvant s'évaporant moins vite que l'alcool. La simple addition d'un élément approprié : urée, aniline, diphénylamine, etc., permettait d'aboutir au résultat : l'inventeur de la poudre B, M. Vieille, s'en tint à l'alcool amylique, doué d'un moindre pouvoir stabilisateur, mais qui présentait l'avantage de nécessiter de moindres changements dans la fabrication, et d'utiliser, d'une part, les études déjà faites, d'autre part, le stock existant. Les poudres fabriquées à partir de ce moment sont désignées par les lettres AM, suivies d'un chiffre qui indique le pourcentage d'alcool amylique. Celui-ci, pris nu début dans la proportion de 2 pour 100, a été porté à 8 pour 100 dans les poudres AM8, dont les premières sont de 1903. En même temps qu'on s'efforçait de stabiliser la poudre, on prescrivait des mesures plus rigoureuses pour sa conservation. Il faut dire qu'à l'origine la confiance avait été complète. On ignorait encore qu'elle reposait sur les résultats d'expériences de trop courte durée, et trop limitées aux conditions d'un laboratoire pour supporter l'extension qu'on avait cru pouvoir en faire. Le service des Poudres affirmait donc que ses produits ne nécessitaient aucune précaution particulière. Et l'illustre Berthelot, consulté en 1888, répondait « qu'aucun des faits observés jusqu'à ce jour n'autorisait à mettre en doute la conservation de la poudre B dans les conditions ordinaires ou extrêmes de la pratique. » En 1890 encore, le service des Poudres et Salpêtres croyait livrer à la marine des produits, « susceptibles de résister sans altérations ni même abaissement de résistance aux conditions les plus dures de la conservation à bord. » Néanmoins, l'Artillerie de terre, moins confiante dans les expériences théoriques, multipliait les études dans ses magasins et les mesures de surveillance. L'Artillerie de marine, chargée de rédiger les règlements concernant la flotte, crut devoir, elle aussi, entrer dans cette voie : elle prescrivit la visite annuelle des munitions, et leur surveillance sur échantillon, grâce à l'emploi d'une caisse-témoin, destinée à être placée dans l'endroit le plus chaud de la soute. La visite devait être faite par les soins seulement de l'Artillerie de marine ; aux officiers de vaisseau il est interdit, sauf circonstance particulière définie par le règlement, d'ouvrir une seule caisse, fût-ce la caisse-témoin. La visite consiste à ouvrir une caisse à munitions de-ci, de-là, une sur 500 par exemple, et à y prélever quelques fragments de poudre ; elle comporte uniquement une opération effectuée sur ces fragments, opération qu'on appelle une épreuve de stabilité. Nous allons voir ce qu'est cette épreuve ; mentionnons seulement que quelques années plus tard, en 1901, un nouveau règlement, encore en vigueur au moment de l'explosion de l'*Iéna*, et dont les principales dispositions subsistent toujours, accentuait encore les mesures de défiance. Il portait que les poudres seraient visitées et soumises à l'épreuve quand elles auraient subi, même une seule fois, une température supérieure à 35 degrés ou supporté pendant trois mois plus de 30 degrés journellement. Enfin la caisse-témoin, qui ne doit être ouverte qu'en cas de besoin, était accompagnée d'un flacon contenant un échantillon de la poudre et soumis à un examen attentif des officiers canonniers à chaque trimestre. On suppose ainsi que toutes les poudres d'un même lot, installées semblablement à bord, évoluent en même temps et d'une façon homogène dans toute leur masse. On se contente donc de surveiller le flacon : s'il donne des signes d'altération, on ouvre la caisse-témoin ; et c'est seulement si elle corrobore ce l'enseignement inquiétant qu'on descelle une des caisses de munitions proprement dites.

Enfin, on séparait en principe les poudres B et les poudres noires en les installant dans des locaux distincts. Après l'explosion de l'*Iéna*, cette prescription comportera l'éloignement réciproque des deux espèces de soutes.

Les épreuves de stabilité dont nous avons parlé résultent d'études faites par le service des Poudres dès 1880, et perfectionnées par la suite à l'usine du Bouchet par le service de l'Artillerie. Elles consistent à chauffer une petite quantité de la poudre aux environs de 110 degrés, et à voir combien de temps elle met pour se décomposer. En réalité, l'expérience se fractionne en plusieurs chauffages successifs laissant à la poudre des repos. C'est un moyen de classer différentes catégories de produits, suivant leur résistance, à un vieillissement artificiel. Mais on ne s'est pas borné à étudier l'action de températures si éloignées de celles que la poudre doit avoir à supporter à bord : on a refait des expériences à 75 degrés, puis à 40 degrés. Malheureusement, dans le premier cas, elles durent plusieurs semaines, et, dans le second, plusieurs années. Il était donc indispensable de s'en tenir aux épreuves à 110 degrés pour les vérifications courantes en service. M. Vieille et ses collaborateurs crurent pouvoir établir une loi de corrélation qui permettait d'inférer de ces épreuves à 110 degrés la durée probable de la poudre aux différentes températures, et, par conséquent, une limite de sa résistance dans la pratique. Cette loi est la suivante : autant d'heures aura données la poudre à 110 degrés, autant elle eût donné de jours à 75 et de mois à 40.

Sur la foi de ce principe, l'Artillerie de marine décidait la mise en observation des poudres ayant donné aux épreuves de stabilité moins de quatre heures. Néanmoins, comme l'histoire des premiers lots de poudre B avait montré leur décadence au bout d'un certain temps, on prescrivait aux commandants des bateaux de signaler les munitions âgées de plus de six ans. On en était là quand la catastrophe de l'*Iéna* vint jeter une terrible suspicion sur l'efficacité des mesures prises. Avant l'accident, le malheureux commandant Adigard et beaucoup d'autres officiers de marine s'étaient officiellement plaints, à diverses reprises et dans des termes prophétiques, des signes d'instabilité donnés par les poudres à bord et les avaient rattachés à la chaleur excessive des soutes. On s'empressa, après la catastrophe, d'organiser la réfrigération de ces dernières. Elles ne devaient pas dépasser 30° ; on abaissa cette limite à 25° pour les bâtiments à mettre en chantiers. Les dispositions ont été prises à cet effet pour les cuirassés du type *Danton* et les navires postérieurs. A chaque fois que la question revient devant eux, les services producteurs réclament un nouvel abaissement du maximum toléré : ils voudraient des bateaux construits pour les poudres, pour s'épargner de faire des poudres appropriées aux bateaux.

Section IV

Tout cela n'a pas empêché l'explosion de la *Liberté*. Mieux encore : on avait pensé d'abord qu'on devait l'attribuer à des poudres anciennes, suspectes, embarquées pour peu de temps à fin de consommation rapide en exercices : elle a été reconnue imputable à des poudres relativement récentes datant de 1906 et à 8 pour 100 d'alcool amylique, c'est-à-dire les mieux garanties que la marine eût encore reçues pour constituer son stock de combat. Le fait démontre l'inanité des précautions antérieures et prouve qu'elles reposent sur une base erronée ; il donne raison aux voix compétentes qui depuis longtemps, et depuis l'*Iéna* surtout, proclamaient la nécessité de revenir à des conceptions moins théoriques. Ces exigences nouvelles, elles émanent des services utilisateurs, des hommes de pratique soumis aux responsabilités matérielles : artilleurs de terre et marins. Les artilleurs, émancipés dès 1896 par la possession d'une poudrerie à eux, celle du Bouchet, les ont satisfaites en ce qui concerne leur matériel. Les marins, tenus dans la dépendance par une organisation des services publics mal conçue, n'ont pu qu'adresser à leurs ministres successifs de vaines protestations et des cris d'alarme sans écho. L'histoire de cette longue lutte entre deux tendances d'esprit opposées, également sincères et désintéressées, mettant en contradiction le plus souvent des caractères d'une élévation toute pareille, est instructive au plus haut point. Il faut souhaiter que notre pays profite de la lumière qu'elle jette sur quelques-unes de ses institutions. Elle éclaire en tout cas profondément la question de la poudre B, et permet d'envisager les solutions nécessaires à la sécurité de la marine.

Elle se résume dans la conséquence des situations respectives faites par la loi aux différents corps techniques destinés à collaborer a une même œuvre de préparation militaire.

Les précautions prescrites par la marine ont été radicalement insuffisantes, parce que la stabilité de la poudre B n'est pas susceptible d'être réduite en formules générales, que celles-ci soient fondées sur sa durée, sur les températures subies par elle ou sur des épreuves de stabilité fractionnaires. La pratique a fait voir qu'entre des fragments d'un même âge et parfois à l'intérieur d'une même gargousse, il pouvait exister des différences considérables dans l'état de conservation : ce dernier n'est donc pas une question d'âge. Les observations recueillies par l'Artillerie de terre ont aussi montré l'absence de toute différence appréciable entre des poudres ayant subi en magasin pendant des temps prolongés des conditions de température très différentes : ce n'est donc pas une question de température. Quant aux épreuves de stabilité, l'auteur même de la méthode, M. Vieille, ne les a jamais données que comme un procédé pour se renseigner très grossièrement sur la durée probable des poudres, surtout utile pour classer entre eux les produits de la fabrication, et dans le cas seulement où ils sont de même nature. Il a toujours reconnu que la loi de corrélation entre 110, 75 et 40 degrés n'était qu'approximative et qu'on n'en pouvait tirer aucune conclusion trop précise. En fait, l'épreuve pratiquée sur le même lot et parfois sur diverses parties du même brin par les mêmes expérimentateurs, peut donner des résultats variant de cinquante à cent cinquante heures ; et entre les mains d'expérimentateurs différents, les divergences sont encore plus considérables. C'est ainsi, par exemple, que le contenu d'une soute, appartenant à un même lot, débarqué d'un bateau après avoir donné douze heures aux officiers d'artillerie navale au port de débarquement, et immédiatement expédié à Gâvres, ne donnait plus, à d'autres officiers du même corps, que cinquante minutes.

La poudre B forme un mélange hétérogène comparable, comme on l'a dit, à la récolte d'un champ de blé, où chaque grain peut avoir ses tares et poursuit sa vie propre. Le seul procédé de surveillance et de conservation efficace est un triage brin par brin de toute la masse. C'est ce qu'a compris le service de l'Artillerie de terre. Dès 1898, il adoptait comme règle la visite semestrielle des gargousses, visite complète, effectuée non plus sur des échantillons ou des caisses-témoins, mais sur les charges même de combat, en proportion telle que toutes les munitions aient été examinées dans l'intervalle de trois années. D'autre part, l'Artillerie s'était préoccupée de rendre plus facile, au cours de ces visites, le discernement des brins avariés ou proches du moment de leur évolution où leur résistance s'affaiblit de notable façon. Elle accueillit pour cette raison les propositions faites en vue d'introduire dans le dissolvant une certaine quantité d'un réactif nouveau, la diphénylamine. Cette substance a l'avantage de donner aux lames colloïdales de coton-poudre une coloration brune dès que leur résistance diminue sensiblement ; et la coloration s'accentue au fur et à mesure de leur transformation. Sans attacher au procédé une foi absolue, l'Artillerie y voyait un moyen nouveau beaucoup plus sensible et plus rapide et en général beaucoup plus juste que les autres de faire le tri entre les éléments sains et les éléments douteux. Elle put en outre constater que la diphénylamine augmentait de beaucoup la résistance des poudres aux épreuves de stabilité et vraisemblablement, autant que l'expérience en a pu jusqu'ici faire la preuve, la durée des munitions. Elle adopta donc le nouveau stabilisateur en 1907. En 1910 seulement, la Commission mixte des poudres de guerre suivit cet exemple en ce qui concerne les approvisionnements de la marine ; et celle-ci recevait en magasin, quelques jours avant l'explosion de la *Liberté*, les premiers lots de poudre à la diphénylamine (désignée par les lettres B 0).

L'insuffisante garantie assurée par les formules générales n'en doit évidemment pas empêcher l'emploi : comme on dit, deux sûretés valent mieux qu'une. Il ne saurait donc être mauvais de soumettre à un examen plus attentif les poudres les plus âgées, d'organiser la réfrigération des soutes et d'y conserver des flacons-témoins, ou de faire l'épreuve de stabilité au cours des visites. L'erreur de la marine consiste à s'être entièrement liée à ces précautions accessoires. Elle l'a fait sur la foi des deux services compétents, celui des Poudres et Salpêtres, qui dépend du ministère de la Guerre, et celui de l'Artillerie navale qui représente auprès de lui le ministère de la Marine. Théoriciens les uns et les autres, ingénieurs et artilleurs suivaient le penchant résultant de leur formation d'esprit en s'efforçant de raisonner sur des entités homogènes et en tablant pour cela, faute de mieux, sur des moyennes. En particulier, la considération des températures extérieures et celle de l'épreuve par la chaleur devaient attirer toute l'attention des ingénieurs poudriers parce qu'ils sont des savants : elles ont, en effet, le caractère de données expérimentales exactement mesurables suivant les procédés de laboratoire. Ce sont choses qu'on peut chiffrer et traduire en formules. Elles mettaient aussi, il faut le dire, aux mains des poudriers des éléments précis avec lesquels ils pouvaient se lancer, dans la production et réaliser cette grande œuvre de l'armement nouveau qui nous a procuré pendant quelques années une indubitable supériorité militaire. Ajoutez à cela la tendresse naturelle de l'inventeur pour son invention, cette indulgence qui l'empêche de douter des qualités que d'autres, souvent des incompétents, discutent : vous aurez les raisons premières du malentendu entre le service des Poudres et les marins.

Ce malentendu n'aurait eu ni la durée, ni la gravité qu'il a prises si le consommateur et le producteur s'étaient trouvés en contact direct. Mais ils ne communiquent que par un intermédiaire, celui de l'Artillerie de marine. On conçoit aisément le respect des artilleurs navals pour les créateurs de la poudre B, pour ces bienfaiteurs du pays, pour ces savants, membres de l'Institut ou professeurs à l'Ecole polytechnique, qui se portaient garants de la poudre, comme MM. Berthelot, Vieille et Sarrau. L'Artillerie de marine, recrutée à Polytechnique, contenait une assez forte proportion de queues de promotions. Entre 1901 et 1910, ce malheureux corps se voyait en outre dans un état de désorganisation complet : le rattachement des troupes coloniales à l'armée de terre, lequel d'ailleurs lui créait un lien nouveau avec les ingénieurs des poudres, le faisait dépendre à la fois de deux ministères. Une carrière ballottée entre la vie coloniale dans la brousse et les travaux de balistique marine rue Royale, recevait son avancement de la rue Saint-Dominique : ce n'était pas sans inconvénients pour elle. Aussi ne trouvait-on plus de candidats ; le corps était au-dessous de ses effectifs et beaucoup trop réduit pour les besoins de son service. Il se sentait diminué, méconnu, incertain : cela ne faisait qu'ajouter à sa faiblesse vis-à-vis des poudriers. Chargés d'ailleurs de recevoir les poudres et, par suite, de contrôler les produits de la fabrication, les artilleurs se voyaient, au nom d'un secret national, tenus soigneusement à l'écart de cette fabrication. Ils ne pouvaient juger la poudre que sur les conditions fixées par les poudriers eux-mêmes.

La confiance était donc de rigueur. Elle était d'autant plus facile que ces polytechniciens, initiés à une haute culture scientifique, trouvaient de l'autre côté, comme contradicteurs, de simples marins, issus d'une Ecole navale aux études bien arriérées et plongeant encore par un passé tout récent dans les traditions de la marine à voiles. Certains rapports de campagnes tenaient plus du navigateur que du militaire, et les réclamations des commandants, quelquefois peu réfléchies, excitaient trop souvent les dédains des corps techniques. Et puis, il fallait agir, satisfaire à un service urgent et surchargé. Il était commode, il était tentant de s'emparer de ces formules absolues, de ces moyennes, de ces méthodes élégantes et rapides pour juger, étiqueter et répartir les milliers de caisses de munitions dont on avait la gestion. Il faut avoir ces raisons présentes à l'esprit pour comprendre comment les artilleurs de marine emboîtèrent le pas au service poudrier, et le firent avec ce manque de nuances qui convient à des disciples n'ayant pas reçu les grands secrets, avec aussi la décision tranchante des hommes d'action. Ils affirmèrent donc beaucoup plus nettement que M. Vieille et soutinrent plus énergiquement la valeur probante des épreuves de stabilité.

Là est le nœud de cette situation singulière. Malgré les scrupules et les exemples de l'Artillerie de terre, malgré les plaintes et les protestations des marins, l'Artillerie navale, dont le siège est fait, défend la poudre B lors de l'*Iéna*, comme lors de Lagoubran, parce que les épreuves de stabilité ont été régulièrement suivies et n'ont pas prédit le danger. Après l'*Iéna*, le ministre de la Marine provoque une refonte du règlement sur la surveillance et la conservation des poudres à bord. Croit-on que la parole est aux marins ? Elle est à l'Artillerie navale, qui va chercher ses inspirations auprès du service poudrier. Si bien que le nouveau règlement, appliqué depuis 1908, n'est qu'une affirmation plus rigoureuse que jamais de la valeur des épreuves ; et c'est sur elles, en dernière analyse, qu'il fait jusqu'à ce jour reposer toutes les règles de sécurité concernant les munitions de la Marine.

Section V

Après la *Liberté*, on ne peut plus croire au dogme de l'homogénéité par lots. Après l'affaire Maissin, on ne peut plus croire à la bonne fabrication des poudreries françaises. Toujours aveuglés par leur confiance dans les épreuves de stabilité, les poudriers ont pensé, ont écrit que les poudres au même indice d'alcool amylique présentaient les mêmes garanties, si elles avaient résisté pendant le même nombre d'heures à 110°, quelles que fussent les impuretés de la matière première et l'histoire des munitions en cause. En particulier, ils crurent pouvoir faire emploi de cotons de qualité douteuse, et laisser à un personnel de manœuvres les manipulations et la surveillance matérielle de matières enfermant pourtant en elles des forces si redoutables. Aussi vient-on de trouver dans les munitions débarquées après l'explosion de la *Liberté*, les choses les plus étranges : résidus de cigarettes, bouts d'allumettes, etc. Dans un flacon-témoin du cuirassé *Bouvet*, dont la poudre venait du Pont-de-Buis, vivait grassement un ver blanc. On admit enfin le radoubage et le remalaxage. Le radoubage consiste dans une humectation nouvelle par l'alcool, le remalaxage en une remise en pâte par action du dissolvant alcool-éther, avec renouvellement de toutes les opérations subséquentes de la fabrication. Comme le consommateur regardait d'un mauvais œil l'une et l'autre de ces pratiques, il fut décidé qu'une marque portée sur l'étiquette et comprenant les lettres *Rem* ou *Rad* désignerait à une surveillance spéciale les poudres remalaxées ou radoubées en leur entier. Cette surveillance spéciale consistait tout simplement à exiger vingt heures aux épreuves de stabilité au lieu de douze ou de quinze.

Mais la raison d'économie, économie assez mal placée en l'espèce, qui avait fait admettre ces dangereux procédés de restauration, détermina des mesures moins justifiables encore. On prit l'habitude d'incorporer à des produits récents, au sortir de fabrication, de vieilles poudres ainsi radoubées ou remalaxées. Et, n'en étant pas fier, le fournisseur indélicat qu'était l'administration militaire osa dissimuler une aussi grave modification. Il inscrivit sur les caisses contenant des mixtures si suspectes la seule date des éléments neufs qui s'y trouvaient mêlés.

De sorte que l'âge officiel n'était qu'un véritable trompe-l'œil. Ainsi, à bord de la Liberté, il aurait existé des poudres de 1886 repassées en fabrique en 1890, 1895, 1903 et 1907. On attribua d'ailleurs aux lots, pour baptême, l'époque non de leur fabrication mais d'une opération administrative pouvant en différer d'un an, comme la commande ou la livraison. On conçoit donc la faible valeur pratique des prescriptions ministérielles obligeant à signaler les munitions âgées de plus de six ans, ou même de l'initiative prise par M. Delcassé, enjoignant de débarquer toutes celles de plus de quatre ans.

Pour avoir le droit ou le pouvoir d'en agir avec un pareil sans-gêne, il fallait que le service des Poudres détînt un monopole d'Etat. A nulle industrie libre il n'eût été permis de cumuler les trois fonctions d'auteur du cahier des charges, de fournisseur et de contrôleur. Les vices inévitables du monopole paraissent encore mieux dans les malfaçons qui, à la poudrerie du Pont-de-Buis en particulier, vinrent aggraver la situation. Le seul contrôle exercé au nom de la marine et bien superficiellement, puisqu'il n'atteint que les produits terminés, ressortit à l'Artillerie de marine qui doit prendre livraison des poudres en caisses. L'opération se passe aux poudreries. Toute caisse admise doit être plombée au moyen d'une pince appartenant à la marine. On prétend que ces pinces étaient souvent laissées entre les mains du personnel fabriquant et que, par toutes sortes de fraudes, on faisait accepter des produits inacceptables. Il est certain que les directeurs de poudrerie, privés de tout contact avec la marine, ne devaient envisager que comme des réalités bien lointaines et bien indistinctes les conséquences de leurs malfaçons dans la vie du bord. Quant à l'officier d'artillerie, il ne met pas le pied dans les escadres et n'a pas à faire emploi des munitions ; il ne sentait donc pas sa responsabilité pratiquement engagée dans l'exactitude du contrôle dont il avait charge : peut-être cela lui rendait-il plus facile une certaine insouciance.

Par ailleurs, les poudriers savaient être agréables au gouvernement toutes les fois qu'en évitant une dépense ils donnaient satisfaction à la tendance de nos pouvoirs publics à lésiner sur les frais de défense nationale. Une industrie d'État subit l'influence des motifs politiques. Les protections politiques y jouent aussi un grand rôle. Elles paraissent être intervenues en plus d'une occasion et avoir favorisé les licences d'un personnel à qui la politique était permise. Sa situation à la tête d'une population ouvrière lui donnait un rôle électoral, et l'on s'intéressait plus sans doute à son attitude sociale, dont le retentissement se traduisait par des scrutins, qu'à son attitude professionnelle qui ne préparait que des catastrophes.

Nous n'en avons pas fini avec le monopole. Après lui avoir reproché ce qu'il a fait, il faut encore lui reprocher ce qu'il a omis. Depuis l'invention de la poudre sans fumée, les progrès, dans ce domaine, ont été chez nous rares et lents : on a peu travaillé et en peu d'endroits. Si l'Artillerie de terre n'avait pas obtenu une poudrerie, les études théoriques admises à influer sur notre armement seraient restées enfermées dans l'unique laboratoire central des Poudres et Salpêtres. A l'étranger, au contraire, où la découverte française avait suscité une émulation des plus vives, on n'a pas cessé de beaucoup travailler.

Les étrangers ne surent pas tout de suite retrouver l'invention de M. Vieille. Quand ils voulurent imiter notre poudre sans fumée, au lieu de faire appel au coton-poudre, c'est-à-dire à la nitro-cellulose, ils s'adressèrent à la nitro-glycérine. Leurs poudres, fabriquées d'abord par le chimiste suédois Nobel, sous le nom de cordites, balistites, lyddites, etc., furent au début très inférieures à la nôtre, beaucoup plus brisantes : elles lui sont devenues équivalentes par l'ensemble de leurs qualités. On y a incorporé du coton-poudre ; on a peu à peu diminué le pourcentage de nitro-glycérine jusqu'à 10 ou 15 p. 100 seulement. A mesure qu'elles se rapprochaient de notre poudre B, ces poudres s'amélioraient : c'est une raison pour nous de ne pas changer à la légère le type de la nôtre. Mais en Angleterre, en Allemagne, aux Etats-Unis, on les faisait avec beaucoup plus de soin qu'en France. On y emploie des cotons parfaitement purs et des produits chimiques de première qualité, laissés de côté chez nous parce qu'ils coûtent cher. On en surveille tous les détails avec une attention extrême. Il faut dire que partout c'est l'industrie privée qui fabrique et qui vend à l'Etat. Elle exporte en même temps et fait ainsi vivre, aux dépens des pays importateurs, un grand nombre d'ouvriers. Nos poudreries n'en occupent pas assez ; aussi restent-elles généralement incapables de fournir à la marine les quantités que celle-ci demande. Le stock de mobilisation reste incomplet. En 1910, le département demandait

2 150 tonnes et n'en a reçu que 750. Comment aurait-il pu rebuter les munitions suspectes, n'ayant pas de quoi les remplacer ? On accuse les poudres étrangères de coûter cher ; la centaine de millions engloutis avec l'*Iéna* et la *Liberté* remonte quelque peu le prix des nôtres.

Sur un point, les étrangers nous ont dépassés. Leurs poudres, d'une forme plus pratique que la nôtre, brûle] mieux. Nous faisons des nouilles, eux des macaronis, des brins perforés dont la combustion est plus rapide et plus régulière. Invités à pousser les recherches de ce côté, nos bureaux, fixant au contraire une barrière au progrès, ont interdit de tirer dans nos canons avec une densité de chargement notablement supérieure à 0, 5 ; nos rivaux, grâce aux poudres tubulaires, peuvent atteindre 0, 75 : d'où gain dans la puissance des bouches à feu et la vitesse des projectiles.

Section VI

Après l'*Iéna*, on nomma une haute commission technique qui existe toujours et n'a encore rien produit. Les deux enquêtes parlementaires formulèrent des conclusions qui ne reçurent pas de sanction pratique. Il importe cette fois que la leçon de tant de catastrophes soit entendue, et qu'on fasse ce qu'il y a à faire, il faut encore qu'on le fasse entièrement : un simple geste esquissé pour la galerie pourrait abuser l'opinion, il ne tromperait pas le personnel naval, et les réalités de la vie maritime en montreraient bien vite l'insuffisance. On ne ruse pas avec le danger.

La première mesure nécessaire est la visite scrupuleuse, fagot par fagot et brin par brin, de toutes les charges actuellement à bord ou dans les magasins de la marine, et leur mise en surveillance semestrielle jusqu'au moment où les poudreries auront pu les remplacer par des produits à l'abri du soupçon. La seconde est l'adoption pour le service normal de règles inspirées de celles que suit l'armée de terre. D'après ce qu'on a vu plus haut, il ne paraît pas nécessaire de maintenir dans la suite une limite d'âge très basse. On sera sans doute amené cependant à en fixer une, mais sans doute voisine de dix ans plutôt que de quatre. Le même esprit de précaution engagera à rendre plus effective, sans y attacher trop d'importance, la réfrigération des soutes, par exemple en entretenant une circulation d'eau dans l'épaisseur de leurs cloisons. Il faudra enfin s'efforcer d'améliorer immédiatement les moyens de noyage de ces soutes en augmentant la section des tuyaux qui y sont employés et en facilitant dans tous les cas l'accès des dispositifs de commande. Il ne faut pourtant pas se faire illusion sur les difficultés du problème à résoudre : dès qu'un certain nombre de cartouches ont fusé, les gaz dégagés dans la soute y produisent une pression croissante et bientôt considérable qui opposera toujours à, l'envahissement de l'eau un obstacle malaisé à vaincre.

Pour la fabrication, il conviendra de lui imposer l'emploi de cotons irréprochables et de réactifs purs : peu importe si le prix des poudres en est augmenté. Les fabriques allemandes vendent, a-t-on dit, leurs produits 18 francs le kilo. Les nôtres nous coûtent environ 8 francs. Comment s'étonner que l'État, à ce prix, nous donne de la camelote ! On connaît ses allumettes et son tabac. Partout, mais principalement quand il bénéficie d'un monopole, il fait plus cher à valeur égale, ce qui veut dire à prix égal moins bon. On sait pourquoi. Nous citerons en particulier la fabrique de coton-poudre d'Angoulême qui doit user de l'eau bourbeuse de la Charente et pendant de longues années demanda vainement un filtre pour la purifier. Or la qualité des eaux est un des éléments qui influent le plus sur celle du coton-poudre. Le filtre coûtait 10 000 francs.

Quand on aura astreint nos poudreries à employer des matières de choix et à les travailler avec tout le soin désirable, elles, seront en état de produire, comme leurs concurrentes étrangères, des poudres tubulaires présentant le bel aspect et l'homogénéité qu'arrive à donner partout l'industrie privée. Il faudra que sur ce point nos ingénieurs consentent à s'inspirer des progrès étrangers. Mais le meilleur moyen, sinon le seul de les stimuler, est de les mettre en concurrence avec les initiatives libres. Le monopole est pour le progrès un péril qui n'a que trop fait ses preuves. Le rapport du général Gaudin sur l'affaire Maissin signale l'inertie du service des Poudres et son parti pris d'écarter sans examen toutes les critiques comme toutes les propositions d'amélioration émanant non seulement du dehors, mais encore de son propre sein. Aucun moment d'ailleurs ne serait plus que celui-ci favorable à la création d'usines privées : la marine se voit dans la nécessité de renouveler d'urgence tout son stock de munitions reconnu suspect ; c'est un énorme travail supplémentaire auquel nos poudreries d'Etat auraient d'autant plus de peine à suffire que les besoins créés par la simple augmentation normale de la Hotte semblaient jusqu'ici dépasser leurs moyens. Toutefois, la suppression du monopole ne signifie pas la disparition des poudreries publiques et pas davantage, à notre avis, celle du corps qui les dirige. Celui-ci a sa fonction propre et sa compétence trop spéciale pour ne pas garder son utilité. Que l'Artillerie déterre et la Marine aient chacune un établissement à elle, leur permettant des recherches autonomes, c'est fort bien ; mais ni l'une ni l'autre ne saurait fournir à toute sa consommation, à moins de transformer en chimistes une part importante d'un personnel militaire qui a d'autres aptitudes et un autre rôle. On a reproché aux poudriers comme aux ingénieurs d'artillerie navale leur origine polytechnicienne : en réalité, les erreurs mises en évidence par les accidents de la marine font le procès non des études poursuivies à Polytechnique, mais du fonctionnarisme scientifique et du monopole d'Etat. La valeur des personnes insérées dans ces organisations vicieuses n'est pas en cause, et dans le cas de la poudre B ne fait doute pour personne. Les ingénieurs des poudres seront les premiers à demander aujourd'hui les réformes qui s'imposent. Loin de les tenir en injuste suspicion, il conviendrait d'élargir leurs moyens d'étude, de les envoyer en mission à l'étranger, de faire faire à chacun d'eux un stage de quelques semaines en escadre et de les appeler soit annuellement, soit à l'occasion de tout bateau nouveau, à se rendre compte des dispositions intérieures des navires.

On les mettra de la sorte en contact avec la marine et les marins. N'empêche qu'il faut envisager l'attribution d'une poudrerie à la Marine, celle du Pont-de-Buis par exemple, qui est peu éloignée de Brest (tout près de Châteaulin). Seulement, de nombreuses difficultés surgiraient si on voulait la faire diriger par le personnel maritime. Des spécialistes sont indispensables. Il suffit d'en détacher quelques-uns du corps des Poudres et Salpêtres pour les soumettre à l'autorité de la rue Royale ; ce qui n'empêchera pas de leur adjoindre des ingénieurs d'artillerie navale spécialisés. Dans tous les cas, la poudrerie rentrerait dans le service de l'Artillerie navale. La fin du monopole obligera d'ailleurs cette dernière à assumer un contrôle effectif des poudres commandées à l'industrie ou aux usines d'Etat, contrôle portant sur toutes les phases de la fabrication. Ce contrôle qui s'étendrait à la poudrerie navale devrait être exercé par des ingénieurs d'artillerie ayant assez vécu de la vie des escadres pour en comprendre les nécessités.

Les rapprochements que nous venons de prévoir entre producteurs et consommateurs resteraient encore insuffisants, si l'influence de ces derniers ne se faisait pas sentir par voie d'autorité. Mais l'autorité suppose une compétence. Il semblera donc indispensable qu'un certain nombre d'officiers de marine, deux au moins, prennent part au contrôle et fassent auparavant un stage dans les usines. Les moyens d'autorité peuvent être les suivants. D'abord, le service d'Artillerie navale peut avoir à sa tête un officier navigant, un amiral. Bien des propositions ont été faites pour soumettre chez nous, à l'imitation de l'Angleterre, les grands services techniques à la direction d'officiers de marine ; mais le terme de « direction » lui-même fait apparaître les obstacles : un service technique ne saurait être *dirigé* dans son détail que par un technicien : il peut seulement l'être de haut par un militaire. C'est la formule de ces attributions de présidence qui reste à trouver, en ce qui concerne notre marine.

Pour que les nécessités révélées par la pratique au personnel navigant soient toujours prises en considération dans la rédaction des règlements et cahiers des charges, il faut enfin que ce personnel occupe, dans les conseils et comités relatifs aux poudres, une place proportionnée à son rôle. C'est ce qui n'est pas. Des trois organes de ce genre adjoints au ministère de la Guerre et chargés de préparer les décisions de principe, l'un, la Commission mixte de fabrication des poudres et explosifs de guerre, présidée par M. Vieille, comprend cinq officiers de l'armée, dont un général, quatre ingénieurs des poudres, trois ingénieurs d'artillerie navale et un seul et unique marin, simple lieutenant de vaisseau. Les autres, où à côté de l'armée l'Institut, le ministère des Travaux publics et celui des Finances sont représentés, comptent chacun un ingénieur d'artillerie navale et point de marins. Le bon sens eût prescrit de tout autres proportions. Les services d'utilisation doivent pouvoir non seulement faire entendre leur voix, mais encore la faire écouter, et disposer pour cela, dans les votes qui les intéressent, d'un nombre de suffrages moins restreint.

Tous ces progrès dans l'organisation rendront certes plus aisé l'accord des diverses spécialités techniques ayant à coopérer au même résultat, ou moins insolubles les conflits entre elles : ils ne feront pas disparaître ces conflits sans une action gouvernementale qui a manqué dans le passé. Si elle eût existé, les défauts du système administratif n'eussent pas empêché des ministres soucieux de l'intérêt national de se faire juges entre les services, de trancher leurs différends à la lumière du bon sens, et de coordonner dans la pratique les rouages insuffisamment liés. Mais il aurait fallu des esprits moins occupés des petites questions parlementaires. Les plaintes de la marine n'ont trouvé ni appui, ni audience. Rien ne la préservera de nouveaux malheurs si nos gouvernements continuent à ne pas gouverner. Comme elle n'a pas de voix dans le concert électoral, il lui faut, en son ministre, un tuteur qui l'aime et la défende.

A ce prix, et quand on leur aura fait leur place et donné les moyens de la tenir, quand leurs représentants auront reçu la préparation indispensable pour pouvoir discuter avec leur fournisseur, les marins sauront, comme ont fait les artilleurs, imposer aux poudres les conditions nécessaires. Ils sauront obtenir l'essai des hautes densités de chargement et des vitesses initiales égales à celles des artilleries étrangères, adapter les munitions aux soutes et aux circonstances de la vie en mer, et même, espérons-le, écarter de leur héroïque personnel les dangers inutiles. Pour les autres, personne à bord n'y pensera plus, dès qu'on les reconnaîtra pour inévitables. Cela passera dans les risques du métier. Mais ceux-ci sont assez nombreux pour que la poudre B ne vienne pas plus longtemps en ajouter de gratuits.

ISBN : 978-1986480796

www.ingramcontent.com/pod-product-compliance
Lightning Source LLC
Chambersburg PA
CBHW070958220526
45471CB00007B/3085